你中有我，我中有你

孔雀石和

小鼹鼠和鼹鼠爸爸今天来参观博物馆，他们正在欣赏一张巨幅山水画。

哇，这幅画有九百岁了，可是它一点儿也没褪色呢！

哈哈，因为这幅画是用石头粉末画出来的，所以即使再过个几百上千年，也不会褪色喔。

好神奇呀！原来石头还能画画！

博物馆中，还陈列着一件年代久远的青铜器。

你知道吗，画中的青绿色和这件古老的青铜器有关哦。其实铜本身是金黄色和紫红色的。

可是为什么博物馆里大部分铜器都是青绿色的呢？

正如铁制品在空气中容易长出铁锈，铜器也会"生锈"，只不过它生的锈是青绿色的，叫作"铜绿"。博物馆里的青铜器年代都很久远，长满了铜绿，所以被称为"青铜器"。

当然，蓝铜矿是一种非常有名的颜料，在中国山水画和西方油画中都能见到它的身影。我们刚看到的那幅画中最醒目的蓝色部分就是用蓝铜矿画的。

蓝铜矿与粉末

赤铁矿和褐铁矿

这是著名的"丹霞地貌"。

日出或日落时分，太阳把天上的云朵染红，形成了晚霞；而"染红"这些山峰的，是一种叫作赤铁矿的矿物。

地球上有很多赤铁矿，有些生长在海洋和湖泊底部，形状像鱼籽或者动物的肾脏；还有些片状和层状的赤铁矿形成于温度很高的液体中，它们通常是黑色或者灰色的外表。

我糊涂了，赤铁矿到底是红色的还是黑色的呀？

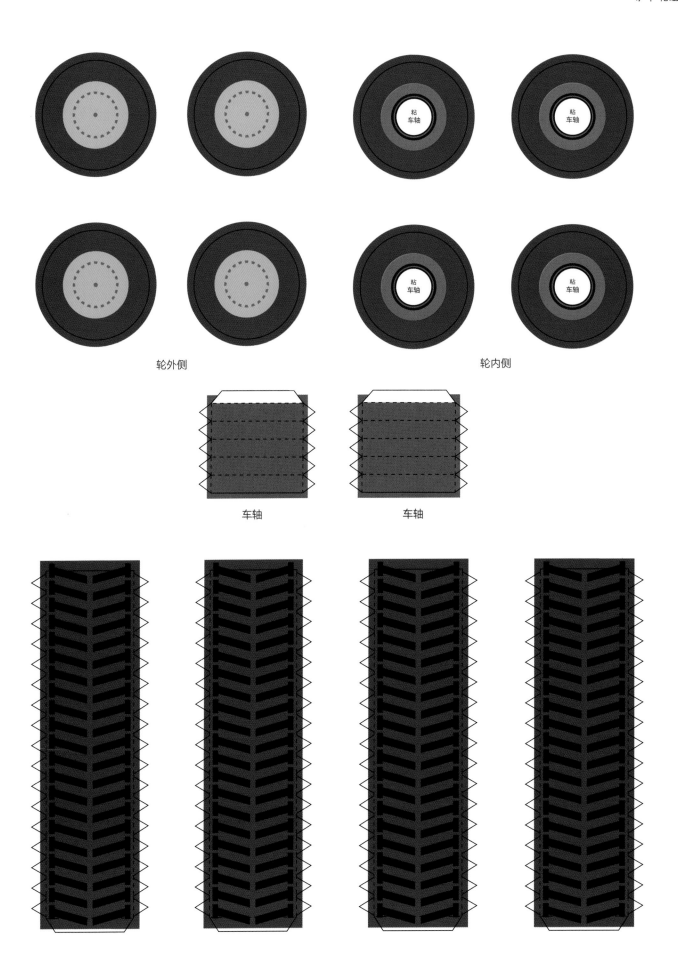

轮胎

轮外侧

轮内侧

车轴

车轴

轮胎

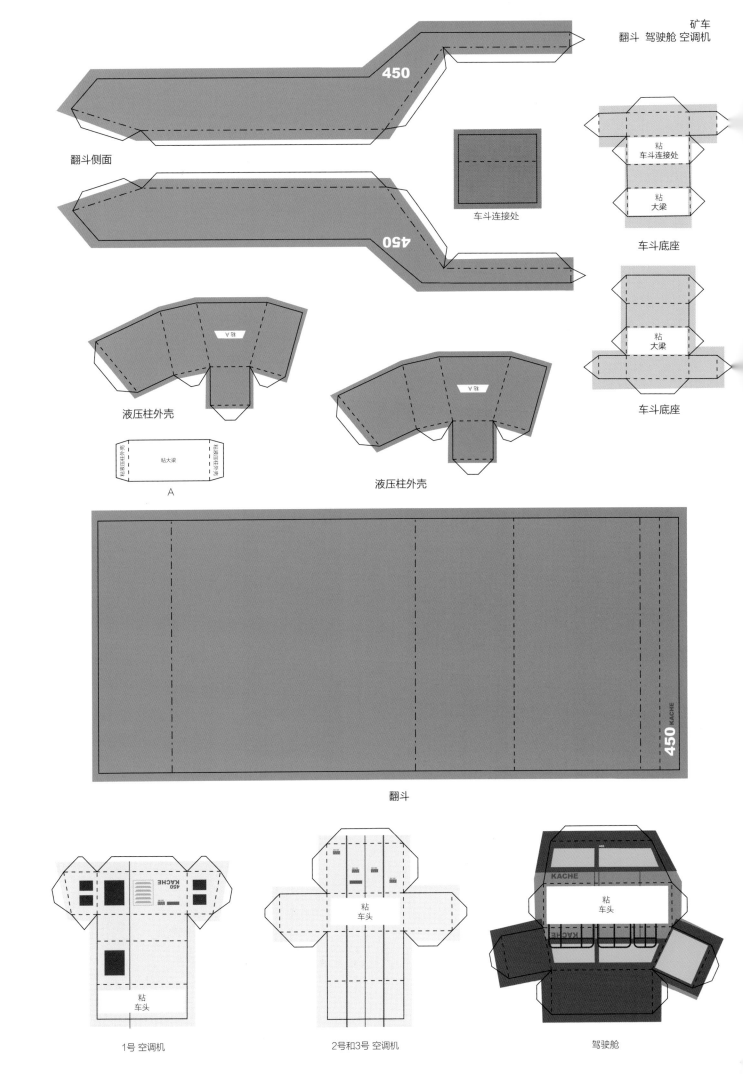

矿车
翻斗 驾驶舱 空调机

翻斗侧面

车斗连接处

车斗底座

液压柱外壳

A

液压柱外壳

车斗底座

翻斗

1号 空调机

2号和3号 空调机

驾驶舱

粘　　　　粘

挖空

挖空

粘
大梁

粘
大梁

挖空

挖空

前轮固定位

后轮固定位

粘
1号 空调机

粘
2号和3号 空调机

粘
驾驶舱

粘
车头

450
KACHE

KACHE

粘车头散热器

车头

车头散热器

前轮固定位
粘

粘
后轮固定位

粘
车头
内侧

粘
车斗底座

粘
A

粘
车斗底座

大梁

肾状赤铁矿

鲕状赤铁矿

虽然生长在不同地方的赤铁矿有红色、黑色、灰色，但它们磨成的粉末却是红棕色的，或者说是"樱桃红色"。

哇！好漂亮的颜色啊！

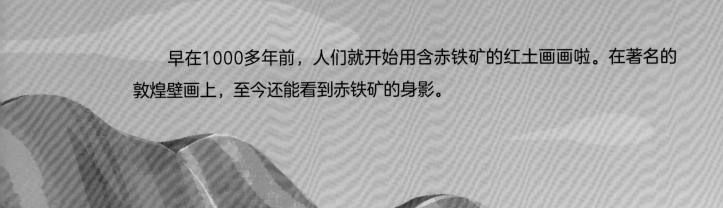

早在1000多年前，人们就开始用含赤铁矿的红土画画啦。在著名的敦煌壁画上，至今还能看到赤铁矿的身影。

爸爸，山上黄色的条带也是赤铁矿吗？

不，这些是褐铁矿！褐铁矿是赤铁矿的"亲戚"，它们俩形状十分相似，只不过褐铁矿通常是黄色、褐色或者焦糖色的，如同它的名字。

不过，严格地说，褐铁矿并不是一种单独的矿物，它是由针铁矿、纤铁矿等矿物混合而成的，由于这些矿物颗粒很细、不容易分开，所以统称为褐铁矿。

用褐铁矿画画

《鲁特琴演奏者》——米开朗基罗

纯净、松软的褐铁矿可是十分重要的颜料！一些石窟中淡黄色的雕像都使用了土黄色的褐铁矿；而深焦糖色的褐铁矿颜料则大量用于西方油画中。

褐铁矿也能用来画画吗？

白云母和石墨

爸爸，这幅画好像在闪光！

这是因为画家在白色的位置涂上了一层白云母粉末。你看，细碎的鳞片正微微闪光发亮呢。

云母通常是六边形的板状或片状，最大的可达几平方米，比课桌还大呢。最有趣的是，云母就像一块千层蛋糕，能剥成一层一层的透明薄片，研成细粉后也依然拥有珍珠般的光泽，涂在画上会产生微微闪光的效果。

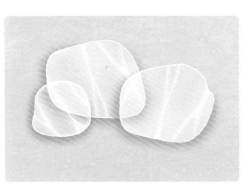
白云母

锂云母

黑云母

金云母

云母这么薄的"鳞片"也是一种矿物吗？

没错。白云母是云母家族一员，云母族是一个庞大的家族，大约占地壳总质量的3.8%，除了白云母，还有黑云母、金云母和玫瑰色的锂云母。

滑石　　方解石　　云母　　　白色颜料

除了白云母，我们熟悉的方解石，还有硬度很低的滑石，都能作为白色颜料。

原来有这么多白色矿物都可以用来画画呀，那有什么黑色的矿物颜料吗？

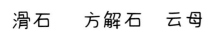

研磨

做成铅笔

石墨，就是一种常见的黑色颜料，从古代的各种艺术品到我们用的铅笔芯，都和石墨有关。石墨硬度很低，又很细腻，几乎不会褪色，这些优点使它成为了应用广泛的黑色矿物颜料。